天才小神童学数学系列丛书 *4*

小神童学 进位退位

徐志源/文　　李东熙/图

中国环境出版社·北京

图书在版编目（CIP）数据

小神童学进位退位／（韩）徐志源著；安安译 . --
北京：中国环境出版社，2013.1
（天才小神童学数学系列丛书）
ISBN 978-7-5111-1138-8

Ⅰ．①小… Ⅱ．①徐… ②安… Ⅲ．①进位计数制—
儿童读物 Ⅳ．① O156.1-49

中国版本图书馆 CIP 数据核字（2012）第 228531 号

Marvelous Rounding Up or Down
Text Copyright ⓒ 2010 by Seo, Ji-weon
Illustrations Copyright ⓒ 2010 Truebook Sinsago Co., Ltd.
Simplified Chinese translation copyright ⓒ 2013 China Environmental Science Press
This China translation is arranged with Truebook Sinsago Co., Ltd. through GW Agency.
All rights reserved.

出 版 人　王新程
责任编辑　丁莞歆
责任校对　尹　芳

出版发行　**中国环境出版社**
　　　　　（100062　北京市东城区广渠门内大街 16 号）
　　　　　网　　　址：http://www.cesp.com.cn
　　　　　电子邮箱：bjgl@cesp.com.cn
　　　　　联系电话：010-67112765（编辑管理部）
　　　　　　　　　　010-67175507（科技图书出版中心）
　　　　　发行热线：010-67125803，010-67113405（传真）
印　　刷　北京中科印刷有限公司
经　　销　各地新华书店
版　　次　2013 年 5 月第 1 版
印　　次　2013 年 5 月第 1 次印刷
开　　本　787×1092　1/16
印　　张　4.25
字　　数　53 千字
定　　价　22.00 元

目录

狐狸村神枪手六人组，作战开始！

"全体立正！报数！"

小队长洪亮地喊道。

"1"，"2"，"3"，"4"，"噢！"

最后报数的万道有点儿大舌头，连数字"5"的音都发不准。

"全员都集合了吗？"

"是的！"

我们回答道。随后"唰"地立正，整齐划一，气势如虹。

"'拉面'、'方方'、'胖肚子'、'脚趾头',还有'扁馒头'！你们都准备好了吗？"小队长依次叫着我们的外号,严肃地问道。

"是的！"

小队长从来不叫我们的名字,只叫我们的外号。像金拉岩的外号是"拉面"。吴岩秀长着张方方正正的国字脸,所以外号就叫"方方"。虽然徐东裴并没有胖肚子,但还是给他起了个"胖肚子"的外号。李万道的外号本来叫"馒头",不过因为他个子太矮,所以外号被改成了"扁馒头"。这些都是小队长给起的。

小队长当然也有外号,叫"大猩猩"。他的本名叫郑敏哲,是小学四年级的学生。可是他的个头却有初中生那么高,而且胳膊很长,与大猩猩的样子颇有几分神似,因此大家送了他"大猩猩"这个"美名"。其实,我们没人敢当面用这个外号称呼小队长,因为如果把他弄得不高兴了,就没有人陪我们玩了。

3

对了，还没有说我的外号是怎么得来的呢！我的外号是——"脚趾头"。

唉，想想都让人郁闷呀，因为这个外号怎么听怎么别扭。但就算我心里再不爽也无济于事，都跟他们说过千百遍别再叫我的外号啦，这群家伙反而越发叫得起劲儿。

为什么叫我"脚趾头"呢？嗨，还是以后再说吧！

我的名字叫崔仁奇，现在上小学二年级。

爸爸妈妈管我叫"人气大王"。

可自从来了狐狸村，我霸气的名字竟然变成了"脚趾头"，真是可恶。

我的家在首尔，外婆家在狐狸村。今年暑假，我和妈妈约好了回来看外婆，所以就来到了这儿。

住在狐狸村的小朋友总共也不过只有5个而已。在我来之前，他们自诩为保卫狐狸村的"神枪手五人组"。

"狐狸村神枪手五人……不，如今是六人组！今天，我们将正式开始战斗。武器都带来了吗？"

听完小队长的话，我暗暗下定决心，紧紧攥了攥拳头。今天，我们将开始一场特别的战役。为了这次战役，我们已经准备了整整一个星期啦。

我们把准备好的武器一件件拿了出来。"方方"拿来了捕鱼用的网。"拉面"趁妈妈不注意，偷偷从家里带来了红色的晾衣绳。"胖肚子"也背着奶奶，悄悄从家里带来了洗衣服用的棒槌。而"扁馒头"带来的武器，则是采摘柿子用的长杆子。

"'脚趾头'！你拿这种东西来干什么？"

听到这个问题，我有些不好意思，慢慢放下了带来的篮子。这也不能怪我嘛，在家里上上下下找了一圈儿，连犄角旮旯儿都翻遍了，也没有找到一件合适的家伙，最后只好把外婆装辣椒的篮子带出来啦。

"用篮子怎么抓九尾狐？"

"我拿篮子不是为了抓九尾狐，而是……"

说着，我把篮子放到了头顶上。这样九尾狐扑过来的话，也好有个藏身之地呀！

"哈哈哈"，孩子们顿时笑成一团，有的甚至都笑得直不起腰了。至于那么夸张吗？

"'脚趾头'是从大城市来的，对我们这儿真是一无所知啊。"

讨厌的"胖肚子"一脸得瑟地说道。切，自己明明连地铁都没坐过，还说我无知呢。

　　"'拉面','方方',我们的应急粮食带来了吗？"

　　听完小队长的问话，他俩迅速从岩石下扒拉出两包东西来，这就是事先藏在这儿的粮食。"拉面"准备了李子，"方方"准备了蒸熟的红薯。

　　"这些东西要怎么分好呢？'脚趾头'！你来算一算吧。"

　　"1、2、3、4……"

　　"数什么数，加在一起不就行了嘛！"

　　我偷偷地挪了挪脚。这些东西的数量已经超过了10个，光用手指头可数不过来，还得用上脚趾头才行。在学校里考数学的时候，还有妈妈问我问题的时候，我都是背地里偷偷地用脚趾头才算出了最后的答案。

　　可是今天脚趾头偏偏动弹不得。新买的鞋子太小了，脚趾头都挤在一块儿啦。这算怎么回事呀，郁闷。

　　"还没算好吗？7加5都不会吗？"

　　小队长问我。其他孩子也都转过头来，目不转睛地盯着我。

　　"'脚趾头'！你快动一动脚趾头啊！"

　　"拉面"不明就里，小声地提醒我。

　　"新买的鞋太小了，脚趾头动弹不了啊！"

　　我也小声地嘟囔着。为了动一动挤在鞋子里的脚趾头，我已经满头大汗啦。

　　"队长，'脚趾头'他不会进位退位。老得手脚一块儿用，所以才叫'脚趾头'的。""方方"打起了我的小报告。

"哟，可不是嘛！人家是大城市来的小少爷，所以不会加法。咱们村里一年级的小屁孩都会算。'胖肚子'，7加5等于多少，你来算算看。"

"等于12。"

"胖肚子"立即说出了答案。

"你瞧瞧，人家'胖肚子'还不是一下子就算出来了！啧啧啧！"

说罢，小队长边捏住鼻子，边摇了摇手，好像我身上真的散发出什么怪味儿似的。

"啧啧啧！"

其他孩子们也一齐盯着我，发出跟小队长一模一样的嘲笑声。我的脸一下子就红了，羞愧得恨不得找条地缝钻进去，心想明天一定要穿拖鞋出来，那样脚趾头就能随意动弹了。

"好啦，现在出发！"

我们拿着渔网、红色晾衣绳、长杆子，还有棒槌，无比兴奋地踏上了征程。我把李子还有蒸红薯放进篮子里，紧紧地跟在他们后面。

夏日的清晨，耀眼的阳光倾泻在大地上。昨晚下了场雷阵雨，柿子树叶上一颗颗露珠滚动着，好像晶莹剔透的珍珠一样美丽。

"我们去哪儿抓九尾狐呢？我们去山上抓九尾狐。将抓住的九尾狐装进网里，牢牢地装进网里。啦啦啦啦啦……满载而归！"

"大清早的，你们这是要去哪儿啊？"

正在辣椒田里干活的阿姨直起身来问道。

"我们去抓九尾狐！"

"九尾狐？去什么地方抓？"

"那边，听说翻过郁陵山就能找到。"

"拉面"伸手指向远处的山那边说道。

听完我们的回答，在田里干活的老爷爷老奶奶们全都哈哈大笑起来，纷纷直起腰看是哪些小毛孩儿口气居然这么大。

"你们当心哟，别反倒被九尾狐抓走喽。路上小心，早去早回啊。"

"怎么会被抓走呢！我们可是做了万全的准备。"

说着，我们再一次哼起了战歌，继续列队前进。

　　走着走着，来到了一条小溪边。

　　"'脚趾头'，你知道这座桥叫什么名字吗？"小队长指着桥问我。

　　这是一座用石头堆砌而成的桥，但是样子并不怎么好看，一端稍稍有些歪斜。

　　"狐狸桥！""方方"抢着回答。

　　"为什么叫狐狸桥啊？这里住着狐狸吗？还是这座桥跟狐狸一样有尾巴？"我满头雾水。

　　"嘿嘿，傻瓜！传说中这座桥是九尾狐用了一天一夜的时间搭建起来的，所以人们才把它称为'狐狸桥'。"

"看来九尾狐的力气可真不小啊！一天一夜就搭成了这座石桥……"

我弯下腰，努力向外探出脑袋，想要看清桥底下的样子。只见清澈的溪水中，许多银色的小鱼箭一般地穿梭着。

突然，小队长开始在桥上跳来跳去，发出"咚咚咚"的声响。

"你在干嘛？万一桥塌了怎么办？"

我本来就胆小，小队长这一闹搞得我声音都颤抖起来。

"这桥绝对不会塌的。我奶奶跟我说过，不管多汹涌的洪水，这座石桥也不会有事，因为它是狐狸桥。"

我歪着头吐了吐舌头说道："好神奇啊！简直太神了！"

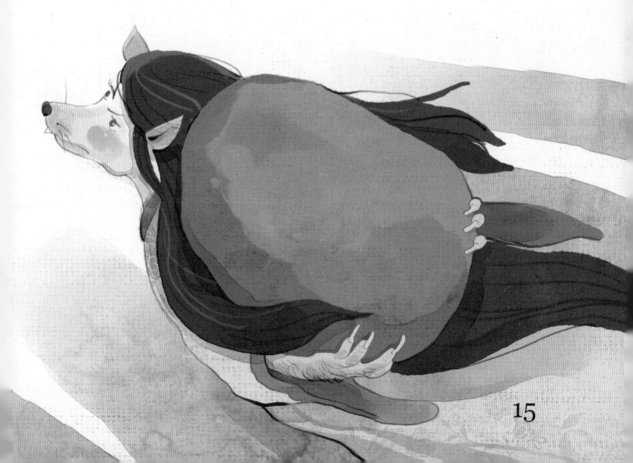

走过石桥之后，小队长停了下来冲我们说道：

"大家集合！我们来制订一下作战计划！"于是大家围着小队长坐成一圈。

"九尾狐不仅力量惊人，而且还会法术。我们只有制订出一个详细而周全的作战计划，才能抓到它。现在，让我们先演习一下如何抓住九尾狐。看那边，看到那个树桩了吧？"

说着，小队长指向不远处的一根树桩子。

"我们先把这个树桩当成九尾狐，树桩旁边那些密密麻麻的树根就是九尾狐的尾巴。"

"嗯！"

"如果发现了九尾狐，我会悄悄地接近它。然后趁它不备，一下把这个篮子扣到它的头上……"

"这样，九尾狐两眼一黑肯定就会开始挣扎，对吧？"

"呵呵，没错，没错！"

"这时候，'方方'，你就赶快把渔网撒过来困住九尾狐，让它动弹不得。然后，'拉面'和'脚趾头'，你们再用晾衣绳捆住它。接着，'扁馒头'还有'胖肚子'，你俩用长杆和棒槌痛打它。这样的话，九尾狐一定会高呼求饶：'哎呦！救命啊，救命啊！你们让我做什么我都愿意！'怎么样？"

"哇，真是完美的作战方案！"大家拍着手，异口同声地感慨道：

"我们的小队长真是聪明神勇啊！"

听了大家的话，小队长昂着头，更加意气风发啦。探讨结束后，我们唱着歌，再次雄赳赳气昂昂地向目的地行进。

鬼屋中的歌声

我们翻过小山坡，穿梭在树林中，继续向着郁陵山出发。

夏天的烈日炙烤着大地，我们几个全都大汗淋漓。

"翻过前面那个小山坡，就到郁陵山的猫头鹰岩了。"

听了这话，我们感到希望就在眼前，于是都憋足了劲儿朝着小山坡前进。终于来到了山坡前，一块形似猫头鹰的岩石静静地屹立着。

"嘘！就在这里等着吧！从现在开始大家都要保持安静，谁要是发出一丁点儿声响，九尾狐都会发现咱们的，我可不想让它跑了。"

我们大家一块儿坐在草堆里的石头上静静等待。可是左等右等，都没有发现哪怕一丁点儿九尾狐的影子。只有那些不知名的鸟儿"叽叽喳喳"地飞过来，又"扑棱棱"地飞过去。

"到底九尾狐藏在什么地方了？""拉面"终于忍无可忍，不耐烦地问道。

"有人说就在猫头鹰岩这儿看见过九尾狐。说它躺在猫头鹰岩上，唱着小曲儿，屁股后面长着九条毛茸茸的尾巴！"

"是谁？是谁看到的？"

"'方方'呗！"

"唰"，几道目光同时投向了"方方"。"方方"连连摇头，急忙解释道："不是我！不是我！是'胖肚子'说他看到过，我才这么说的！"

这回，大家炯炯的目光又转移到了"胖肚子"身上。"胖肚子"一脸惊慌，赶紧摆了摆手说："不是我！我也是听广修叔叔说的！"

"广修叔叔？是上次说自己见过怪物的那个叔叔吗？"

"……嗯，就是他。"

说完，"胖肚子"好像做错了事一样，羞愧地耷拉下了脑袋。

小队长拍打着身旁的岩石，不甘心地说："唉！又被骗啦！"

"上次我们去抓怪物，结果白跑了一趟。上上次，我们去见山神，也是空手而归！"

"嗨！真是白忙活了！"

就在这时，"扁馒头"指着一处草丛惊叫起来。

"快看……看那边！"

"怎么啦？"

只见草丛里有什么东西在动，还发出"沙沙"的响声。

"是九……九尾狐来了！"

"没……没错！"

"准……准备好了吗？"

"敏……敏哲哥！你不是说自己要先上嘛！"

"我什……什么时候说过？"

孩子们一个个害怕得腿都软了，在原地动弹不得。"沙沙，沙沙"，草丛里的声响越来越大。

“啊！太可怕了！”

突然，“拉面”大喊一声，跳起来就开始狂奔。

“‘拉面’，等等我们！”

眨眼的工夫，孩子们一溜烟儿都逃到了小山坡下。

这些村里的孩子，跑得那叫一个快。

只有我一个人孤零零地被落在了后面。

“哎哟！”倒霉啊，鞋子跑掉了一只。

“你们等等呀！别丢下我一个人！”

就在我回头捡新鞋子的工夫，他们都奔进了树林里的小路，转眼就消

失不见了。

"你们在哪儿啊？小队长！'拉面'！'方方'！'扁馒头'！'胖肚子'！"我四处张望，想找到来时的路，不断呼喊着朋友们的名字，可是却听不到任何回应的声音。

这时，天空忽然乌云密布。一道闪电划过，"轰隆隆"巨大的雷声回荡，"哗啦啦"下起了瓢泼大雨。瞬间的变化把我给吓懵了，惊慌失措之下反而更不知该往哪儿去了。

就在这时，我突然发现山坡下有一间破旧的小屋。没有多想，我拔腿就向着那间屋子跑去。

这是一间没有人居住的废弃小屋，里头黑乎乎的，壁纸和地板都已经烂得不成样子，密密麻麻的蜘蛛网挂满了每一个角落。

好恐怖！我可没有勇气进去，只好哆嗦着在屋檐下蜷成一团。

雨越下越大，巨大的闪电似乎要把天空撕裂一般。我又冷又怕，把身子蜷缩得更紧了。

"哗哗哗……"

"哐当哐当……"

"要是我有手机的话，就能打电话让妈妈来接我了……"

我正沉浸在自己的幻想中，身后漆黑的屋子里突然传出一阵声响。妈呀，太可怕了，我全身的鸡皮疙瘩都冒出来了。再侧耳仔细一听，像是有人正在唱歌。

这首歌好像在什么地方听过。对了，是电影《夏日溪畔》的旋律吧。

这儿已经不安全啦！为了找到一个新的藏身之处，我开始四处张望。正好，地上晾着卷成卷儿的凉席，我马上钻了进去。恐惧的情绪包围着我，根本分不清声音是从哪儿传出来的，只知道四面八方都是歌声，交织在一起。

"这里的事儿我全知道！"

房间里不知道是谁这样喊道，只听得出是一个女孩的声音。

我吓了一跳，像乌龟一样缩回了我的头。

"已经说过了，我都知道的。你快出来，不出来的话，我可要下去啦！"

我慢慢地探出头来，有个与我年龄相仿的小女孩正坐在地上。

我不禁有些奇怪：

"你是谁啊？一个人在这儿做什么？不害怕吗？"

女孩望着我，没有回答，只是笑着反问：

"有什么好害怕的？你是路过这里的吗？"

"我们去抓九尾狐。可是其他的朋友都跑掉了，只剩下我一个人，结果还迷路了。"

"为什么要抓九尾狐呢？"

"因为九尾狐是可怕的怪物啊，所以要抓住它。"

"九尾狐很坏吗？你们怎么知道的？抓住它之后，你们想怎么办？"

"抓住以后……就……抓住以后怎么办，我们还没有想过……"

女孩似乎觉得很可笑，"嘿嘿嘿"地笑了起来，然后像小狗一样开始拱着鼻子嗅起来：

"好像有红薯的味道。"

"啊，我这儿有，你要吃吗？"

我拿出了我们的"应急粮食"。看到食物，女孩很开心，手舞足蹈地跳起来。

　　"你叫什么名字？住在哪儿？"

　　女孩嘴里塞满了红薯，口齿不清地回答道：

　　"我的名字叫美狐，你可以叫我小美。我就住在猫头鹰岩上。"

　　"猫头鹰岩上，那不是九尾狐住的地方吗……啊，对了！你刚刚唱的那首歌是什么？进位退位？退位进位？"

　　"哦，那首歌是我跟银杏奶奶学的。她告诉我，唱着这首歌，只要一天的工夫就能学会进位退位啦。"

　　"那么难学的东西，只要一天就能学会？"

　　"是呀，不然我唱给你听听看吧！"

　　这听起来虽然有些难以置信，可我还是半信半疑地倾听起来。

吃柿饼来，唱起歌儿

小美不知道从什么地方变出了一串柿饼。

"还吃呀？"

"不是，这个是打算用来教你进位退位的。来，跟着我一起唱。"

说完，小美一边唱一边跳起来。

没问题，没问题，只要学会分解，♪

进位退位就没问题，再也不用担心。

只要学会分解，掌握分解的原理，每次考试都没问题，♫

我次次都得100分，你也可以得100分。

26

这首歌真好听，我也开心地跟着小美一起哼唱起来。

小美拿出了那串柿饼。

"7个柿饼加5个柿饼是多少个柿饼？"

我又动起了脚趾头。

小美就像有透视眼一般，看穿了我那动来动去的脚趾头：

"别动脚趾头，要用进位来计算。我都说了，只要学会分解，这是很容易的。将数字进行分解，使它们相加等于10就可以了。"

"柿饼要怎么分解啊？"

小美没有直接回答我的问题，而是用双手抓着柿饼问道：

"想把7个柿饼变成10个，需要增加几个？"

"3个？"

"没错。你看这儿，5个柿饼可以分成两组，一组3个，一组2个。"

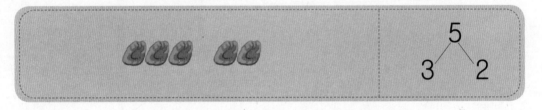

"然后呢，从5个中拿出3个的一组，加上7个就是10个啦，对吧？"

"再看剩下的2个。把这2个加上去，一共就有12个。那么也就是'7＋5＝12'。"

28

"啊哈，数字相加的时候，先让它们凑成10，然后再加上剩余的部分就可以了。这就是'进位'对吗？"

"对啦，很简单，是吧？"

"嗯，简单！太简单啦！"

我高兴地看着小美，她也冲我眨眨眼，笑着点了点头。

数字相加的时候，将数字进行分解，凑成能相加得10的组合是非常重要的。

$7 + 5$

$7 + 3 + 2$

$10 + 2 = 12$

$$\begin{array}{r} {}^1 7 \\ + \ 5 \\ \hline 12 \end{array}$$

"我再来考考你。这儿一共有13个柿饼，吃掉9个，还剩几个？"

我又条件反射地想动一动脚趾头，可小美又一眼看穿了我的心思：

"我都说了，不要动脚趾头，这次试着用'退位'来计算吧！"

"什么东西？退位？"

"这退位和进位的道理是一样的，只要学会分解，就能轻松计算。13减3你总会算吧？"

"这个当然。"

"那好，从现在开始你可得听仔细了。首先咱们要把9分成3和6。"

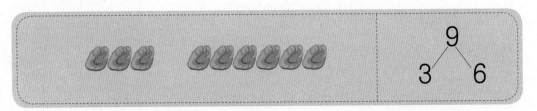

"你看，直接算13减去9很困难，但是把9分成3和6，再逐个减去的话，不就可以很轻松地算出结果啦。"

30

"13 − 3 = 10，10 − 6 = 4，也就是13 − 9 = 4。"

一次相减有难度的话，把被减数进行分解就可以啦！

"怎么样，简单吧？非常简单吧？"

"嗯嗯，简单！非常简单！"

我们俩又相视一笑。

"现在我再也不用被叫做'脚趾头'啦！"

我兴奋极了，忍不住伸开双臂，高声呼喊道。

追逐彩虹，翻山越岭

不知不觉中，雨已经停了。

"快看那边！有道彩虹呢！"

小美指着山那边，我顺着她指的方向望去，真的有一道美丽的彩虹。

"哇，这彩虹好像一座七彩桥，把山与山之间连起来了！"

我也不由自主地感叹道。

"小美，我得回家啦，你能告诉我回家的路吗？"

"你是住在狐狸村吧？那你得翻过两座山才行呢。"

我朝着小美手指的方向望去，顿时就像泄了气的皮球一般，手脚都提不起劲儿来。这路途也太遥远啦！

"仁奇，我送送你吧。"

"真的吗？"

我激动地抓住小美的手。

就这样，我们手拉着手，有说有笑地一起朝山那边走去。

33

"仁奇，你有没有什么秘密呀？"

"有啊。"

"我也有秘密，那我们来相互交换一下吧！"

"如果你能答应我，知道了这个秘密以后谁都不说，我就跟你说。"

说着我向小美伸出了小拇指。我们拉了勾，互相约定为对方保守秘密。

"我的秘密就是……哎呀，管他呢，说就说呗。我的屁股上长着毛。"

我犹豫再三，最后趴在小美的耳边小声地说了出来。

"你是不是常常又哭又笑的？那样的话，屁股上就会长毛。"

"才不是呢。我生下来就有的。"

小美目不转睛地盯着我的屁股。突然趁我不注意，"刷"地一下扒下了我的裤子。

"你这是干嘛呀！"

"看到了！看到了！你屁股上长着一颗痣，原来毛是长在痣上的！"

小美得意地蹦来蹦去，还开心地大声嚷嚷。我的脸瞬间就涨得通红。

34

“别再嘲笑我啦！还不快点把你的秘密也说出来！”

“我的秘密？嘿嘿，我就是九尾狐。”

“你说什么？”

“我说我就是九尾狐啊。”

“切，真能开玩笑。不想说就算了！”

我心里很不满，因为小美对我撒了谎。

“你小子，瞪大眼睛仔细看好了，我让你见识见识什么是如假包换的九尾狐。”

小美说着，就伸直了手臂，撑着地面倒立起来，然后“呼呼”连着转了好几圈。

“嗨，这种表演太小儿科了。体操运动员都能办到。”

小美听我这么说，只好无可奈何地耸了耸肩。

"呀！快看那边，是山草莓！"

小美指着草丛中一片红彤彤的山草莓，兴奋地叫道。

我们开始采摘山草莓，没有装的袋子，就把前面的衣服抻开，边摘边把草莓放到里面。

"你摘了多少颗呀？"

"26颗。你呢？"

"我这儿18颗。"我们坐在岩石上，开始计算战果。

"那我们一共摘了多少颗呢？"

"算一算26加18得多少，不就知道了嘛。"

"哎呀，这也太难了吧。"我叹了口气说道。

"你呀，好好看看我是怎么算的吧。10个为一组，我们先进行分组。26能分出2组，18能分出1组，对吧？"

"然后把剩下的个位数相加，也就是6加8。那么以10为单位的组多了几个呢？"

36

"1个！"

"个位数还剩下几？"

"还剩4。"

"原来的3组，加上个位数相加之后多出来的1组，现在以10为单位的组有几个？"

"以10为单位的组有4个。"

"个位数是几？"

"个位数是4。"

"太好啦！所以，26 + 18 = 44。"

"这个还真是有点难度，有没有更简单的算法？"

"我这就唱首歌儿给你听，你也跟着一起唱吧！"

没问题，没问题，进位计算没问题。♪

数字相加的时候，得数如果大于10，上下排好进位计。 ♫

进位计算要注意，数字标记别忘记。

于是，我跟着小美一起唱起歌来。

小美还找来一根树枝，开始在地上写写画画。

先将"26"和"18"上下对称排列着写下来，并在旁边画上"+"，再在数字的下方画一条横线。

"上下纵向排列计算比左右横向排列计算要更容易。个位数上的数字相加等于14，所以需要向十位进1，那么就要把这个'1'标记好。"

"嗯，然后呢？"

"两个加数个位数相加后剩下的4，直接写在得数的个位上。"

为了不忘记需要进位的"1"，将它轻轻写在上面。

"我明白啦！然后呢？"

"将需要进位的1和十位上原来的2还有1一起相加，再把结果写在得数的十位上就可以了。"

按照个位、十位的顺序依次相加，分别将得数写下来。

"哈，难怪歌里唱'数字相加的时候，得数如果大于10，上下排好进位计'！"

听完我的话，小美连连点头。

"没错！进位的时候，不要忘了标记。这样就不用担心会出错啦。将需要进位的数字标记到最上方加数的上面就可以了。"

"我明白了。只要我认真标记，就一定能得100分，是吧？"

"那现在我来出题，你来计算。如果算对了的话，我就喂你吃山草莓。题目是这样的：我姐姐今年17岁，奶奶比姐姐大56岁，那么，奶奶今年多大岁数呢？"

听完题目，我的脑海里是一片空白，这真是这个世界上最最难的题目啦。

"给你个提示吧！奶奶比姐姐大56岁，只要算算加法就可以了。"

说完，小美再次唱起了歌儿，我也不由自主地跟着唱了起来。

没问题，没问题，进位计算没问题。♪

数字相加的时候，得数如果大于10，上下排好进位计。

进位计算要注意，数字标记别忘记。♫

我将数字上下对称排列好写在地上，尝试着开始算起加法来。

"对喽。17＋56＝73。做得太棒啦！你真是太聪明了！"

小美开心地拍着手，把美味的山草莓塞进了我的嘴里。山草莓真好

吃，像冰激凌一样入口即化，这简直就是幸福的味道啊！

"快看那边！好像是橡子！"

小美又有新发现啦。她所指的那棵树下散落着许多的橡子。

我俩立刻变身为两只小松鼠，开心地捡着地上的橡子。

小巧的橡子仿佛一个个袖珍玩具般可爱。

"你捡了多少个？"

"我捡了42个，你呢？"

"14个。"

"又轮到我给你出题啦，你来算算看。一共有42个橡子，但是被松鼠吃掉了14个，还剩下多少个？"小美问道。

"哎哟，这也太难了吧！"我撅着嘴，摇了摇头。

"你呀，好好看看我是怎么算的吧。以10为单位，把所有的橡子进行分组。有一个组的数大于10，就单独分成一组。那么，42可以分成以10为单位的3个组，还有由12个橡子组成的单独一组。"

42可以分成以10为单位的3个组，还有由12个橡子组成的单独一组。

先计算个位，

从12中减掉4个等于8个。

"嗯，我明白你的意思了。"

"从12个中减掉4个，还剩下8个。"

计算一下十位，

从以10为单位的3组中减掉1组，剩下2组，30 - 10 = 20。

从42中减掉14个，剩下的橡子是28个（42 - 14 = 28）。

"最后得出42 - 14 = 28。"

哎呀，我挠了挠头。

"这也太难了吧！没有更容易的算法吗？"

"好吧，我再给你唱首歌，你跟我一起唱。"

没问题，没问题，退位计算没问题。♪

个位不够减，十位来补齐。

退位计算要注意，数字标记别忘记。

十位退下来，个位头上记。别忘记，别忘记。♫

这歌儿真好听，我不由地也跟着小美的旋律唱起来。

小美边唱边拿起树枝，在地上写下了上下纵向排列的减法算式。

"上下纵向排列计算比左右横向排列计算更容易，这你已经知道了。个位上用2减4，不够用，对吧？所以，需要从十位上退一位，借一个10，再做减法就可以了。"

"哦，这样啊，那然后呢？"

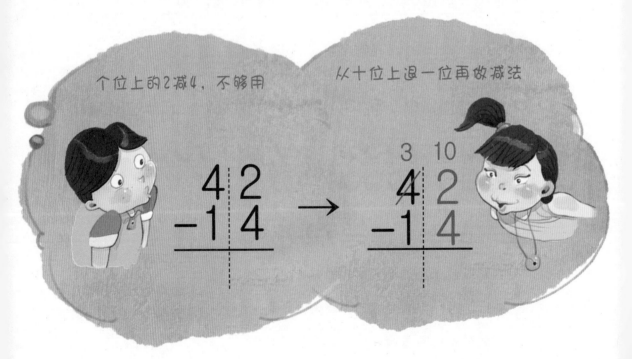

"12 － 4 ＝ 8，对吧？把8写到得数的个位上就可以了。"

"哦，那之后呢？"

"十位退一位，借走一个10，对吧？退位之后，十位上就只剩下3了。3再减去1，就剩下2，把2抄写到得数的十位上就可以了。"

"哦，我明白啦。"

"42 － 14 ＝ 28。"

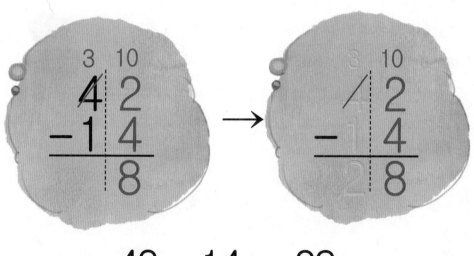

$$42 - 14 = 28$$

"哈，我知道了，所以歌里唱到'个位不够减，十位来补齐。退位计算要注意，数字标记别忘记'。"

"退位计算时，借的数字还有退位后的十位数字都要分别标记到上方，这样就绝对不会出错啦！"

"我明白了。只要认真标记的话，我就能得到100分了，是吧？"

"现在，我再给你出一道题，你试着算一算。如果算对了，我还喂你吃山草莓。丛林中有80只兔子，有35只兔子去山泉边喝水了，那么丛林中还剩下多少只兔子？"

我的眼睛滴溜溜转个不停，可还是一点儿头绪都没有。

这真是世界上最难的问题了。

"提示！只要做减法就可以了。退位计算的时候，从个位开始算起，这样会比较容易。"

小美像一只机灵的小兔子一般，蹦着跳着，又唱起了歌儿。

"80 - 35 = 45。"

"哇，你真是太聪明了！"

小美按照约定喂我吃了山草莓，这甜美的味道简直胜过巧克力一百倍。

我们把采来的橡子都放在了树下，当做送给松鼠的礼物。然后，我们手牵着手，再次向小山坡出发。

垒起石塔，默默祈祷

不知不觉中，我们翻过了两座小山坡。

蓝蓝的天空中飘浮着朵朵白云，如同棉花糖一般，许多红蜻蜓伴随着清风翩翩起舞。

山腰上出现了两个木质的人偶，面目表情既可怕又可笑。向外突出的眼睛炯炯有神，巨大无比，目光投向远方。脸上的大鼻子长得有些歪斜，尖尖的耳朵与驴耳朵有些许相似。

"这是什么啊？"

"这是长生柱。这位叔叔叫'天下大将军'，这位阿姨叫'地下女将军'。"

"他们是将军？那为什么他们的脸长成这样？"

"这是特意做成这样的，看起来可怕凶恶才能吓走那些带来灾难和瘟疫的恶鬼嘛。如果长得又漂亮又可爱，那不就不可怕了嘛。"

"喔，原来是这样啊！"

小美环顾了一下四周，捡起了三块石头，并把捡来的石头小心翼翼地放在另一堆石头的上面。然后折了一根松枝放到石堆上，"呸呸呸"吐了三口唾沫，又用左脚脚跟戳了三下泥土，紧接着双手合十，朝着石堆开始祈祷。

我对小美的举动很好奇，便问道：

"你这是在做什么呀？"

"我在祈福呢。像我这样虔诚地向山神祈祷，就会有好事儿降临。"

我也赶紧学着小美的做法，捡来石头，吐了唾沫，双手合十祈祷起来。

小美问我："你许了什么愿？"

"我希望数学能考100分。我一直以来的愿望就是数学能考满分，你呢？"

"我希望能变成人类。我不是说过嘛，我是九尾狐。"

"切，你又说谎话了。快别再开玩笑啦！如果你是九尾狐的话，不是应该有尾巴嘛！让我看看你的尾巴我就相信。"

"我把尾巴放在家里了。如果带着九条尾巴出来的话，身体太重了就跳不起来了。九尾狐平时都是把尾巴放在家里的。"

"切，真是无聊。"我气呼呼地抱着胳膊，转身坐到另一边去了，总觉得小美是在拿我寻开心。

突然，一座巨大的石塔映入我的眼帘。

"那边的石塔为什么堆得那么高？"

"据说石塔堆得越高，愿望实现得越快。要想把石塔堆得高高的，需要投入很多精力，投入的精力越多，愿望也就会实现得越快。"

"哇，这石塔一共得有多少块石头啊？"

"这边的塔有178块石头，那边的塔有145块石头，上次我来的时候都数过了。"

我吃惊地瞪圆了眼睛。

但是小美说得信誓旦旦的，又不像是在撒谎。

"那么总共有多少块石头呢？178加145到底得多少？"

听了小美的问题，我又开始绞尽脑汁地寻找答案。

不过，这次问题的难度可达到了整个银河系的最高程度。

"只要唱起歌儿，所有的问题都能迎刃而解的。我们一起来唱歌吧！"

没问题，没问题，进位计算没问题。♪

数字相加的时候，得数如果大于10，向前进位就可以。

进位计算要注意，数字标记别忘记，别忘记。♫

把个位数字相加，
如果超过10，就需要进位。

听了歌，我再次尝试用上下排列的计算方法计算起答案来。

"我已经进了一次位了，但还是没有算出结果哪。"

我吐了吐舌头说道。

"不要担心，别忘了标记进位的数字就好了。只要仔细标记好，一定不会算错的！"

"进位两次的话，也要这么做吗？"

"就算进位一百次、一千次，法则都是一样的。别忘了需要进位的数一定要写到最上排数字的上面，这样才能保证不出错。"

"那个……答案是323吗？"

我小心翼翼地问。

"答对了！你真是一个天才！"

听了小美的称赞，我高兴得手舞足蹈，简直都要飞到天上去啦。

$$178 + 145 = 323$$

"我再给你出一道题，你试着算一算吧！不能说难，也不能放弃哦！"

"嗯，快出题吧！"我自信满满地说道。

"那边的田野中一共有324只麻雀，但是有87只麻雀被稻草人吓跑了，现在还剩下多少只麻雀呢？"

哎哟，又是全宇宙最难的问题呀。这可是我有生以来遇到的最最难的问题了。

"觉得难的话，就唱歌儿吧。只要一唱起歌儿，什么难题都能迎刃而解的。"

没问题，没问题，退位计算没问题。

个位不够减，十位来补齐。

退位计算要注意，数字标记别忘记。

十位退下来，个位头上记。别忘记，别忘记。

我唱着歌，开始计算这道题。

"做了一次退位计算，还是没算出答案！"

先把数字上下排列写好。
个位：10＋4－7＝7

"别担心。不管你算多少次，计算的法则都是不变的。不够减的时候，要退位，向前一位借数计算。记得仔细标记好退位之后的数字，这样就不会出错了。"

我听了小美的话，鼓起勇气再次开始解题。

退位计算从个位开始，个位算完了算十位。
十位：10+2-1-8=3
百位：3-1=2

$$324 - 87 = 237$$

"那个……答案是237吗？"

小美的眼睛睁得圆圆的，吃惊地说道：

"答对了！324 − 87 = 237。你是我认识的人当中，进位退位算得最好的一个！"

"哈哈哈！"

我高兴得又蹦又跳。

小美也高兴得翻起了跟头，看上去就像一只可爱的小狐狸。

我是九尾狐的朋友

"沿着这条路一直走，有一条小溪。小溪上有一座石桥，穿过石桥就是狐狸村了。"

"你呢，现在要走了吗？"

我对小美有些恋恋不舍。

"我得回去找妈妈了，我走得有点儿远了。妈妈叮嘱过我说走得太远会有危险的。"

"如果我想见你，去哪儿找你呢？"

我问道。

"你来猫头鹰岩，唱我教你的那首歌儿，我就会翻着跟头出现啦。"

就这样，我和小美分开了。走了十步之后，我回头看了看小美，小美正笑着向我招手。走了二十步，我又回头去看小美。

小美还跟刚才一样，微笑着向我招手。走了一百步之后，
我再回头看了看，但是小美已经消失不见
了。不知道为什么，我突然很想哭，
但还是努力忍住了。

就像小美说的那样，走了一会儿就看到了熟悉的狐狸村。

我一口气跑回了村庄。伙伴们正在村口做着游戏。

"呀，你去哪儿了？怎么才回来？"

他们关切地围了上来。

"哦，我跟九尾狐玩了一会儿，所以回来晚了。"

我神气地说道。

"吹什么牛，那九尾狐哪儿去了？"

小队长用嘲笑的口吻对我说道。

"我说的是真的。我还跟九尾狐学习了加减的进位退位法，连全宇宙最难的题我都算出来啦。"

"用脚趾头吗？"

"才不是呢！现在不用脚趾头我也能算出答案。"

“那我们来比试一下，怎么样？”

小队长向我下了战书，我毫不犹豫地点头答应了。

“小队长，如果我赢了，你们以后不能再叫我‘脚趾头’，得叫我‘人气大王’。”

“好吧。但是如果你输了，我们就叫你‘秃脚趾’。”

为了打败我，小队长叫来了数学学得最好的“拉面”。我和“拉面”面对面坐在岩石上，孩子们团团围坐在我们周围。

“从简单的题开始吧？从个位数的加法开始，怎么样？”

“就直接出宇宙第一难题吧！我要一局定输赢。”

“哎呀呀！”

孩子们呼喊道，声音中夹杂着些许嘲讽和不屑。

"好吧。我从我们家的果园里摘了543个苹果，这些苹果中有387个生了虫子，那么没生虫子的好苹果有多少个？"

"哇！是三位数的加减法啊！"

"要算两次退位呢！"

题目一出，孩子们就叽叽喳喳议论个不停。我虽然有些慌张，但还是努力让自己平静下来，在心里默默唱着歌儿。

个位不够减，十位来补齐。♪

退位计算要注意，数字标记别忘记。

十位退下来，个位头上记。别忘记，别忘记。♫

仔细标记好，正确没问题。

$$
\begin{array}{r}
\overset{3\ 10}{5\ 4\ 3} \\
-\ 3\ 8\ 7 \\
\hline
6
\end{array}
\rightarrow
\begin{array}{r}
\overset{4\ 13\ 10}{5\ 4\ 3} \\
-\ 3\ 8\ 7 \\
\hline
5\ 6
\end{array}
\rightarrow
\begin{array}{r}
\overset{4\ 13\ 10}{5\ 4\ 3} \\
-\ 3\ 8\ 7 \\
\hline
1\ 5\ 6
\end{array}
$$

个位：10+3-7=6　十位：10+4-1-8=5　百位：5-1-3=1

$$543 - 387 = 156$$

"答案是156。"

我回答道。

小队长一脸疑惑地望向我。"拉面"、"方方"、"胖肚子"、"扁馒头"也全都满脸惊讶。

"答对了哦！呼呼！"

"哇！看来'脚趾头'是真的遇见了九尾狐！"

"太神奇啦！原来一位数的加减法都算不好，现在连三位数的加减法都能做对啊！"

孩子们七嘴八舌，全都啧啧称赞呢。

"大家安静！安静一下！从今以后'脚趾头'就叫'人气大王'了。大家都得叫他'人气大王'，明白了吗？"

"是！小队长！'人气大王'，万岁！"

我心里一阵狂喜，整个人都飘飘然啦。

作者的话

唱着儿歌，快乐学会加减法！

　　喜欢数学的小朋友们，大家好！十分讨厌数学的小朋友们，大家好！想必翻开这本书的你们，心情都是一样的。不管你们数学学得好还是不好，都想让自己的数学水平更上一层楼吧。你们的心情身为数学故事创作者的我很理解，所以我写了这本数学童话书。

　　这是一个关于进位退位计算的故事。进位退位计算是所有出生在这个地球上的孩子都要克服的数学难题，也是让大家都头疼的事儿。进位退位计算对初学者来说本来就是一件困难的事儿。其实，刚学的时候，大人们也觉得很难。所以，就算你算错了、学不好也不要自暴自弃。只要掌握要领，认真计算，你也可以做得很好。只要记住方法，进位计算就一定不会出错；只要掌握要领，退位计算也可以很容易。书中把这两点要领编成了儿歌，只要你记住这首儿歌，总有一天会不出错、得满分的。

　　想要学好数学的孩子们！数学的基础就是加减法。如果学不好加减法，你会觉得其他的数学问题更难，还会犯很多低级错误。久而久之，你就越来越讨厌数学。尽管有些枯燥，尽管有些难，我们还是试着多做题吧！不知不觉中，当你的数学基础变扎实，你就会发现再难的问题都可以轻松搞定。

　　我们也学学"脚趾头"，不，学学仁奇，边唱儿歌边解答问题，怎么样？

擅长加减法而成为数学故事作家的徐志源